农业生态环境保护系列丛书

画说农业面源污染防治

农业农村部农业生态与资源保护总站　编著

中国农业出版社

北　京

图书在版编目（CIP）数据

画说农业面源污染防治/农业农村部农业生态与资
源保护总站编著．—北京：中国农业出版社，2024.4
（农业生态环境保护系列丛书）
ISBN 978-7-109-31893-9

Ⅰ.①画…　Ⅱ.①农…　Ⅲ.①农业污染源－面源污染
－污染防治－普及读物　Ⅳ.①X501-49

中国国家版本馆CIP数据核字（2024）第076891号

画说农业面源污染防治
HUASHUO NONGYE MIANYUAN WURAN FANGZHI

中国农业出版社出版
地址：北京市朝阳区麦子店街18号楼
邮编：100125
责任编辑：郑　君
版式设计：左佐森　王　晨　　责任校对：吴丽婷
印刷：北京中科印刷有限公司
版次：2024年4月第1版
印次：2024年4月北京第1次印刷
发行：新华书店北京发行所
开本：889mm×1194mm　1/20
印张：3
字数：65千字
定价：30.00元

《画说农业面源污染防治》
编 委 会

前　言

　　农业面源污染是指农业生产过程中由于化肥、农药、农膜等化学投入品不合理使用，以及畜禽水产养殖废弃物、农作物秸秆等处理不及时或不当，对生态环境造成的污染。"十三五"以来，我国农业面源污染防治工作取得积极成效，但相比于工业、城市污染治理，农业面源污染量大面广的基本态势尚未根本扭转，农业面源污染防治还处在"治存量、遏增量"的关口，治理任务依然艰巨。党中央、国务院高度重视农业面源污染防治工作。2020 年 12 月，习近平总书记在中央经济工作会议上指出，要加强农业面源污染治理；在中央农村工作会议上强调，保持战略定力，以钉钉子精神推进农业面源污染防治。2024 年 1 月，《中共中央 国务院关于全面推进美丽中国建设的意见》印发，标志着农业面源污染防治进入新时期、迈入新征程、有了新目标。为普及农业面源污染防治科学知识，营造人人重视、人人参与的良好社会氛围，我们组织编制了《画说农业面源污染防治》，希望能与广大农业科研人员、农业技术推广人员、农民朋友以及中小学生等一起关注和参与农业面源污染防治工作，为更大范围推动农业面源污染防治起到宣传作用。

本书采用科普漫画的形式，图文并茂、通俗易懂，用活泼有趣的语言对农业面源污染的内涵、治理技术模式、政策措施等做出了生动阐释，共有3位主人公，分别是中学生小安、基层农技员谭科和农民田伯。全书内容共分为四篇。第一章是内涵篇，重点介绍农业面源污染的内涵、特征及产生原因。第二章是技术篇，详细介绍农业面源污染治理的有关技术。第三章是模式篇，总结提炼了农业面源污染综合治理典型模式。第四章是举措篇，系统梳理了农业面源污染防治有关政策、法规、举措等。

　　本书在编写过程中得到了中国农业科学院农业资源与农业区划研究所、中国农业科学院农业环境与可持续发展研究所、农业农村部环境保护科研监测所、北京市农林科学院、河北农业大学等单位的大力支持，在此表示衷心的感谢！同时感谢农业农村部农业清洁生产与外来物种管理、国家重点研发计划"地膜残留污染特征研究与风险评价"（2023YFD1701901）等项目的资助。感谢团队其他成员为本书出版提供的诸多支持与帮助！

　　虽数易其稿，但因时间仓促，书中难免存在不足和疏漏之处，敬请广大读者和同行批评指正，并提出宝贵建议，便于我们及时修订。

编　者

2024 年 3 月

目 录

谭科

驻村农技员，熟悉各种农业科技知识

小安

某中学学生

田伯

农民，熟悉农业生产

什么是农业面源污染

化肥农药
使用明白纸

某中学放暑假了，大家准备开展丰富的暑期社会实践活动。

同学们，马上就要放暑假了，大家准备干点什么？

我想去养老院做义工！

我要去社区做志愿者！

太好了，可以去农村爷爷奶奶家干农活儿了！

坚决打好农业面源污染防治攻坚战

小安，你快看，电视里放的视频是你爷爷奶奶家那里！

咦，是呀，那什么是农业面源污染呢？正好借此机会一探究竟！

我带你到田里看看，你就知道了！

小安，这是驻咱们村的农业技术员谭科。

谭科您好！我在电视上看到要打好农业面源污染防治攻坚战，什么是农业面源污染呀？

化肥农药使用明白纸

农业面源污染的内涵

农业面源污染是指农业生产过程中由于化肥、农药、农膜等化学投入品不合理使用，以及畜禽水产养殖废弃物、农作物秸秆等处理不及时或不当，对生态环境造成的污染。

农业面源污染的产生原因

不合理使用化肥

田伯，您三天前不是刚施了肥吗？

多施肥庄稼就长得更好，产量更高！

哦，原来施肥太多也不一定是好事！

不不，施肥多产量不一定高，反而可能因为过度施肥造成浪费和污染！

化肥能为植物提供生长所需的氮、磷等元素，但过量的氮、磷容易随降雨或灌溉流失，造成污染。

不合理使用农药

农药的不合理使用会对农田生态系统产生破坏，同时未利用的农药会渗入土壤，或随水进入河流造成污染。

畜禽养殖废弃物处理不当

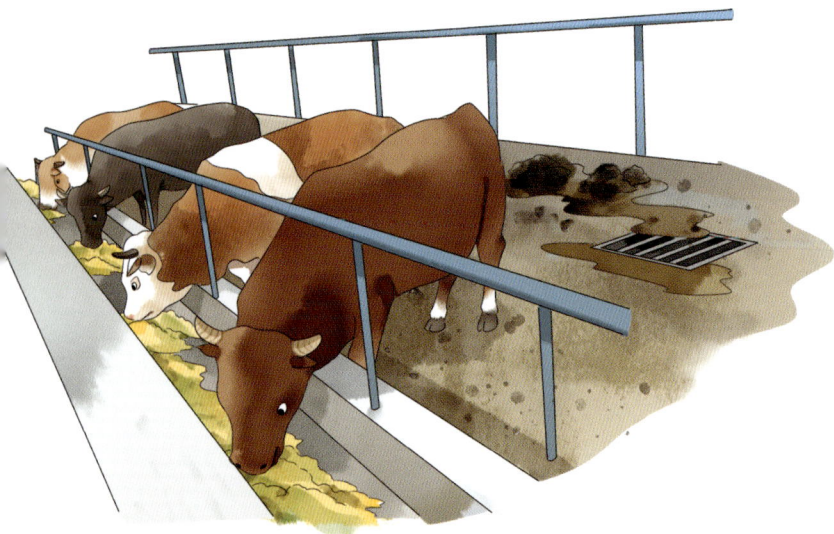

猪、牛、鸡等畜禽粪便中含有大量氮、磷等营养元素，若不及时处理利用，会对土壤、水体等造成污染。

畜禽粪便不及时处理，不仅会导致周围臭气熏天，还会污染环境。

好臭呀！

水产养殖废弃物处理不当

你们多吃点，长得胖胖的。

不是喂得越多鱼就长得越快，饲料过多反而使水体中增加大量氮、磷等营养元素，造成富营养化。同时，鱼的代谢物也会对水体造成一定污染。

水产养殖过程中，由于高密度养殖、消毒剂和药物滥用、投饲过剩以及管理不当等，导致水体中营养物质严重超标。养殖尾水排入河道后，可能导致藻类大量繁殖、水体富营养化。

农作物秸秆处理不当

农作物秸秆含有丰富的氮、磷等物质，若随意堆放，在雨水的冲刷下，大量的渗滤液会进入河流污染水体。

地膜未有效回收

使用地膜能增加粮食产量，但由于部分超薄地膜的使用，一拉就碎难回收，残留在土壤中会破坏耕地质量、阻碍作物生长、降低作物产量和品质。

11

如何防治农业面源污染

化肥减施有妙招

测土配方施肥技术

　　庄稼生长需要氮、磷、钾等很多养分，庄稼要长好，营养要均衡。若长期施用单一配比的化肥，可能导致土壤中磷等元素的含量过高。采用测土配方施肥技术，使用"定制化"肥料配方，缺什么补什么，需要多少补多少，可避免过量的养分进入河流带来污染。

我的庄稼都施好几次肥了，咋还越长越差呢？

哦！我知道了，就好像吃太多会不健康一样！

过量施肥会让土壤的养分不平衡，我给你的地化验一下，再开一个肥料配方！

$N_2P_1K_2$

氮肥：氮 (N) 5千克/亩
磷肥：五氧化二磷 (P_2O_5) 1.2千克/亩
钾肥：氧化钾 (K_2O) 5千克/亩

水肥一体化技术

水肥一体化技术就是把肥料溶解在水中，通过管道同时进行灌溉与施肥，实现水肥同步管理和高效利用。

这叫水肥一体化技术！

这是什么设施？

这个办法好啊，省水省肥又省力！

有机肥与化肥配施

化肥主要提供短期养分，有机肥则能增加土壤有机质，提高土壤微生物活性，提供长期养分。两者配施可实现养分的平衡供给，改善土壤环境。

> 是呀，我家的牛粪、鸡粪可以派上用场了！

> 有机肥和化肥按适宜比例搭配施肥，可减少化肥使用量，实现有机废弃物循环利用，培肥土壤，减少氮磷流失，效果更好。

混合肥

缓/控释肥技术

缓释肥具有更长的肥效，能减少施肥次数和数量。控释肥是在传统肥料外层包一层特殊的膜，根据作物养分需求，控制养分释放速度和释放量，从而提高化肥利用率，减少化肥的使用量。

土壤中的水分透过控释肥包膜渗透到颗粒内部

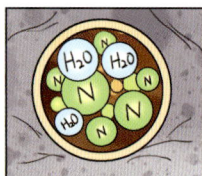

养分在包膜内由固态逐渐融化成为易吸收的液态

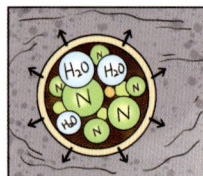

液态的养分透过包膜缓慢的释放到土壤中

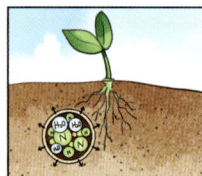

释放到土壤中的养分被作物的根系吸收

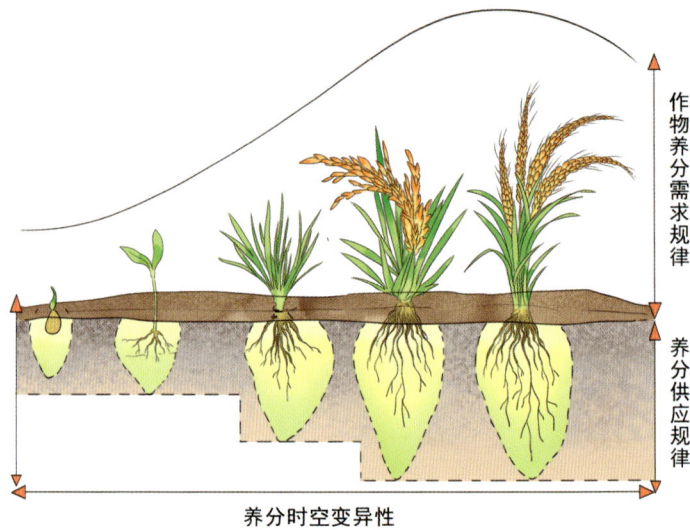

作物养分需求规律

养分供应规律

养分时空变异性

顾名思义，缓释肥营养元素释放速度慢，肥效长期、稳定。控释肥能根据作物生长不同阶段的养分需求量提供适量养分，能实现"供需平衡"。

缓/控释肥和普通肥料的区别是什么？

机械深施技术

将肥料在机械辅助作用下施入地表以下根系附近土壤，在保证作物充分吸收的同时降低肥料损失，提高肥料利用率。

肥料直达作物根系附近土壤，确保充分吸收！

机械施肥又快又高效！我十天都赶不上它一下午干的。

农药少用有良策

做好物理防治

物理防治是指使用粘虫板、杀虫灯等物理方式杀虫，减少农药使用。粘虫板是利用昆虫的趋色性通过在不同颜色纸（板）上涂粘虫胶、黄油等诱杀害虫。杀虫灯主要是借助科学的光源和特质的灯管，利用昆虫的趋光性给昆虫设计一个陷阱，从而诱集并杀灭害虫。

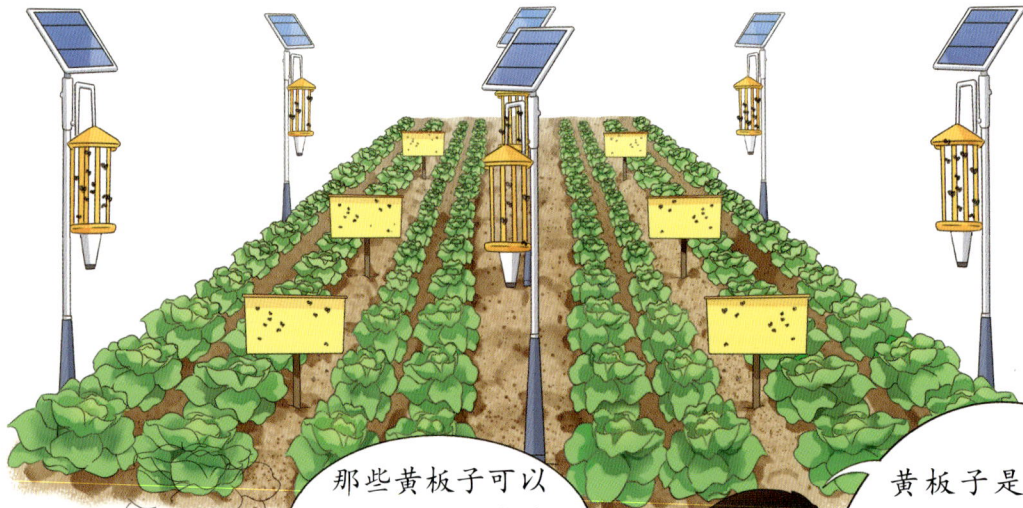

就这么几个小玩意可是省了不少农药钱。

那些黄板子可以吸引虫子，为什么路灯里也有这么多虫子？

黄板子是专用的粘虫板，可以诱杀害虫。同时，昆虫具有一定的趋光性，我们可以利用灯光诱虫，这就是所谓的"飞蛾扑火"呀！

使用生物农药

生物农药的原材料来源于自然生态系统，高效、低毒、无残留，不会毒害人畜，更不会诱发抗药性的产生，可大大降低农药污染。

禁止使用剧毒农药！

生物农药

这是生物农药！

现在使用的农药怎么不像以前一样味道那么大啦？

实施生物防治

防治病虫害还可考虑用害虫的天敌来对付它，用有益生物抑制有害生物，减少施用农药。

棉花上有这么多"害虫"，要赶紧喷洒农药啊！

哈哈，这是捕食螨正在捕食棉花上的红蜘蛛呢，这招叫作"以虫治虫"！

采取机械喷洒

无人机喷药喷洒均匀、效率高，防治效果好，可大大减少农药使用量。

对啊，无人机喷药，12分钟就可以喷完30亩①地，比人工喷洒得还均匀。

现在都实现无人机喷洒农药啦，太智能了！

① 1亩=1/15公顷。——编者注

畜禽养殖废弃物处理利用有办法

使用低蛋白日粮

推广使用低蛋白日粮，通过提高营养物质的利用率来维持动物正常生长。降低日粮中的蛋白水平，可以缓解动物肠道的消化压力，同时减少氮排放，改善畜禽养殖环境。

吃上新饲料，牛棚都没那么臭啦！

咦，牛棚变干净了！

低蛋白饲料

使用低蛋白日粮，可以直接降低氮的排泄量，从源头减少污染产生。

采用清洁生产工艺

采用清洁生产工艺，从源头减少畜禽粪污产生量。比如使用节水型饮水器，减少动物饮水溅出浪费；改无限制用水为高压水枪清洗，减少冲洗用水量；尽量采取人工干清粪和机械干清粪等工艺。

改无限制用水为高压水枪清洗

人工干清粪

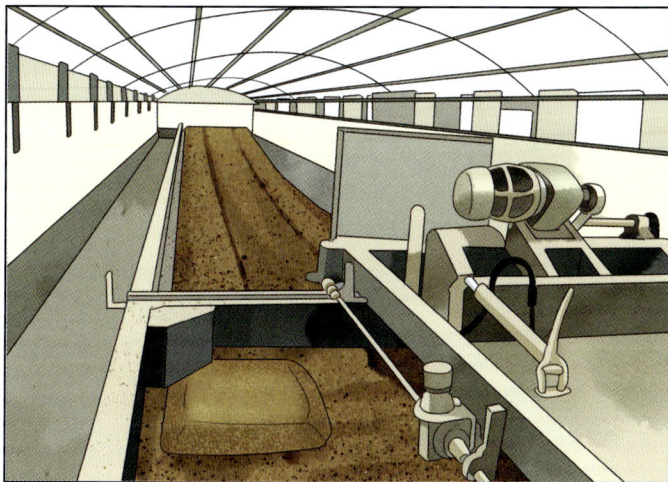

机械干清粪

使用节水型饮水器

畜禽养殖废弃物资源化利用

养殖数量少的，就把粪便收集起来就近堆肥，粪肥腐熟后施到农田里，这是很好的有机肥，可以让土壤更肥沃，庄稼更健壮。

大规模的养殖场产生的畜禽粪污量较多，需要配套专业的收集处理装置，通过厌氧发酵生产沼气或有机肥，减少污染的同时产生经济效益。

水产养殖尾水治理有策略

确定适宜的饵料投喂量

根据鱼的品种和大小、水温、水质等，确定适宜的饵料投喂量，避免饵料浪费，从源头减少污染。

田伯，我看最近池塘旁边沟渠里的水干净了不少啊！

原来不是喂得多鱼就长得胖呀，得喂得对才行！

达标排放

我们调整了饵料配方和用量，避免了过量的饵料造成浪费和污染。

稻渔综合种养技术

推广稻渔综合种养技术，鱼类可以将稻田里的稻花、杂草和害虫作为食物，鱼粪又可以作为稻田的肥料，减少化肥和农药施用。

我可以为小鱼提供氧气。

鱼便便营养好多呀，再来点。

稻花甜甜的，真好吃！

田间水稻害虫成了鱼的饲料

"三池两坝"技术

水产养殖尾水经生态沟渠初步净化后进入沉淀池，滞留一段时间，再进入过滤坝，通过各种滤料吸附、过滤、转化有机物。然后经过曝气池，充分氧化有机物。再经过一道过滤坝，进一步滤去水体中颗粒物。最后进入生态净化池，通过种植各类水生植物，放养滤食性鱼类和螺蚌类等底栖生物，吸收利用水体中的氮磷营养物，实现尾水的净化处理和达标排放。

进水

沉淀池

鱼塘

1号过滤坝

曝气池

生态沟渠

2号过滤坝

生态净化池

达标排放

养殖尾水回流循环利用

对养殖尾水进行曝气增氧、杀菌消毒后，可回流至鱼塘循环利用，减少污染的同时节约用水。

尾水经处理后还可以回流，实现循环利用。

这样是真的节省了好多水源呢。

农田排水治理有对策

生态沟渠技术

农田排水流过生态沟渠时，沟渠内放置的复合填料可促进颗粒物沉降和氮磷吸收；拦截坝、沟底及沟壁种植的植物可高效拦截吸收氮磷，减少农田排水氮磷流失。

这个沟里长了这么多杂草，是不是该除草了？

这叫生态沟渠，里面可不是普通的草，它们是吸附氮磷的高手。

生态浮床技术

在生态浮床上种植作物，可吸收农田排水或水产养殖产生的氮、磷等营养物，实现对水体的原位净化，作物收获后还能产生一定的经济效益。

哇，在水面上还能种菜呀！

哈哈，这是生态浮床！

人工湿地技术

　　在农田附近低洼地建设人工湿地，通过铺设填料过滤、微生物调控和植物根系吸收削减污染物，净化水质，也是很好的生态景观。

秸秆综合利用有新招

回到田里作肥料

秸秆粉碎后可以作为肥料还田，能有效增加土壤有机质含量，提高土壤肥力，减少化肥施用，提高耕地质量。

种植蘑菇作基料

秸秆卖给菌菇生产企业，和鸡粪、牛粪等混合发酵可以制作食用菌基质。食用菌采收结束后，基质经堆肥处理后进行还田利用。

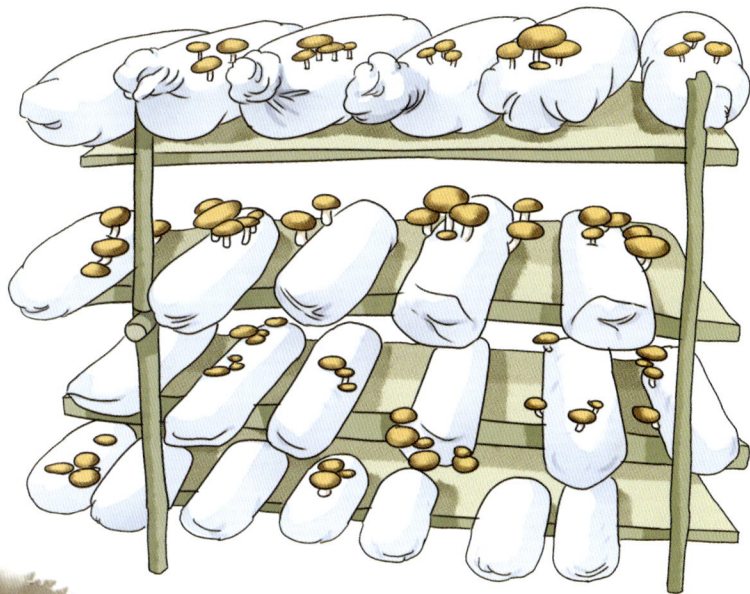

种植蘑菇

制作食用菌基质

青贮发酵作饲料

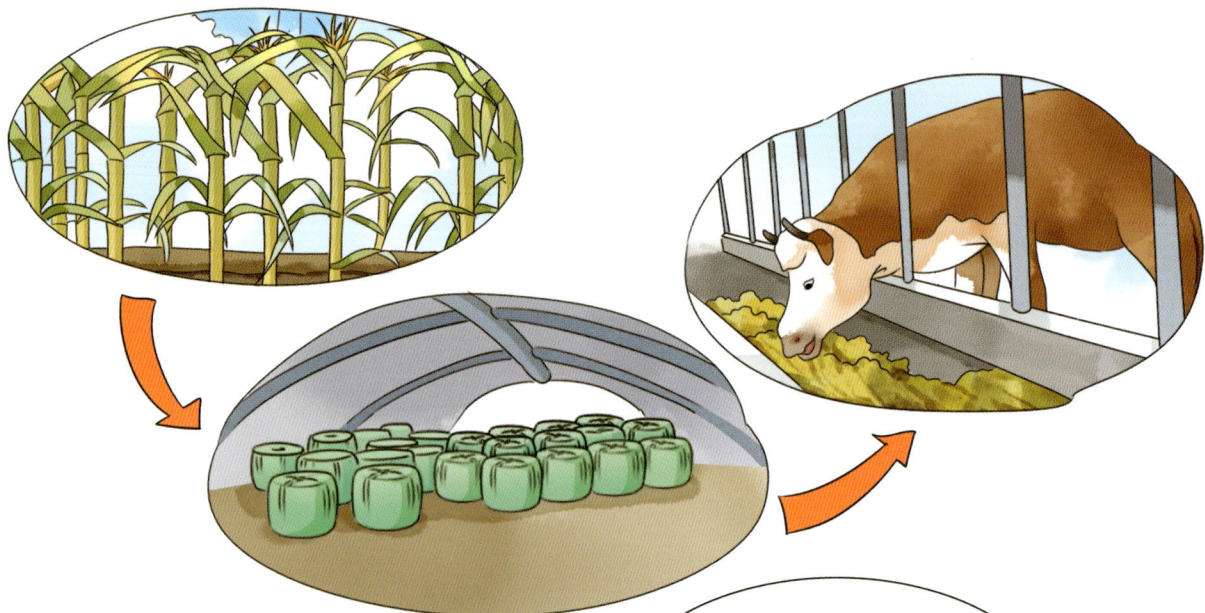

刚收的玉米秸秆可通过青贮技术储存，作为牛羊的饲料，存放时间更长。

生产纸板作原料

秸秆中含有纤维素，可用于制浆造纸，替代木材作造纸原料。

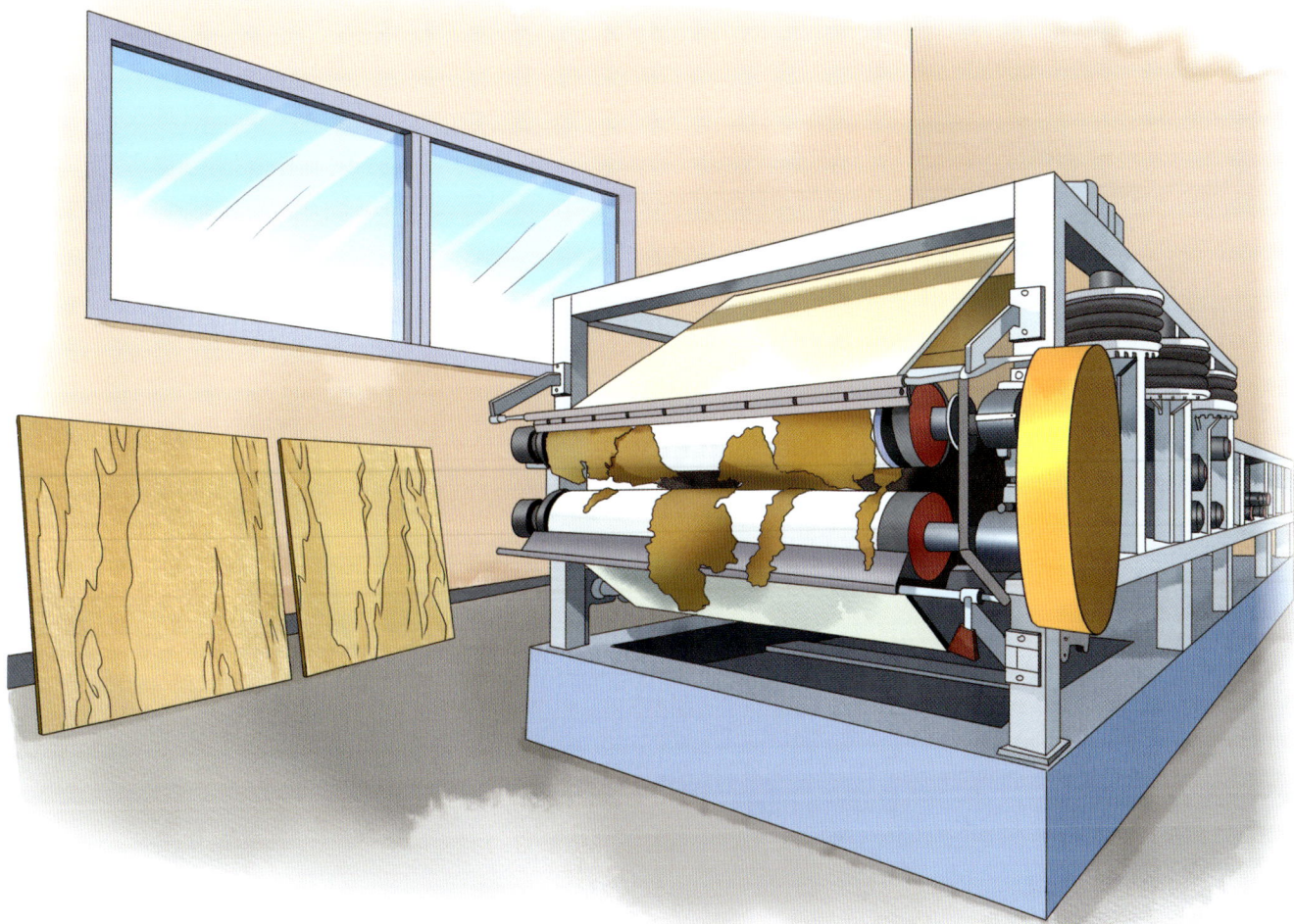

厌氧发酵作燃料

秸秆可作为沼气工程的原料，通过厌氧发酵工艺生产沼气，用于做饭供暖，工程副产物沼渣、沼液可作为有机肥还田。

地膜科学使用回收有章法

使用标准地膜

扫码看视频

　　超薄地膜易破碎不好回收，使用后容易落在地里。标准地膜在厚度、强度等方面的性能比非标地膜更优越，在作物生长过程中能起到增温保墒除草作用，不仅可以提高作物产量，还便于回收利用。

> 国家强制要求使用厚度不小于0.01毫米的标准地膜，部分省份试点推广0.015毫米以上的加厚高强度地膜，使用后更易于捡拾回收，可以从源头上提高废旧地膜回收率。

厚度≥0.01毫米

地膜减量替代

　　不必须覆膜的作物可采取无膜裸地栽培；需通过覆膜实现增温保墒的作物可采取一膜多用、膜侧播种等技术，减少用膜量；部分作物可用秸秆、稻壳覆盖代替覆膜；马铃薯、烟草等作物可覆盖全生物降解地膜，能在土壤中降解，无须回收，安全无污染。

无膜：裸地栽培

少膜：一膜多用

替膜：秸秆、稻壳等覆盖

对，选用合适厚度的被子，还能春秋两季使用，春天给黄瓜、豆角盖，秋天再给大白菜、甘蓝盖，增温保墒的同时节省地膜投入。

听说现在还有一种不用回收的地膜，叫全生物降解地膜，能慢慢"融化"在土壤里。

怕冷的作物就盖上被子，不怕冷就不用盖被子了。

普通地膜　　全生物降解地膜

有效回收地膜

作物收获后，采取人工捡拾或机械回收等方式回收废旧地膜。各地探索建立以旧换新、兑换种子农药、回收效果与耕地地力补贴发放挂钩等制度鼓励农民自觉回收地膜。部分区域探索建立生产者责任延伸制度，由生产企业负责回收地膜。

采用有效回收技术

如果大家都把使用后的地膜回收起来，就不会挂到树上那么难看了。

是的，而且地膜回收得好还有奖励呢！

人工捡拾

机械回收

建立地膜回收有效机制

地膜以旧换新

以旧换新

谁生产、谁回收

回收效果与耕地地力补贴挂钩

废旧地膜处置利用

含杂率低的地膜，通过分类筛选、膜杂分离、破碎、清洗等流程再生造粒，进一步加工成滴灌带、管材、汽油桶、育苗盘等产品。

滴灌带

管材

遮阳网

将废旧地膜密封粉碎，与植物纤维、矿渣等融合后，制成木塑板、井盖、树篦子等复合材料，实现高值化再利用。

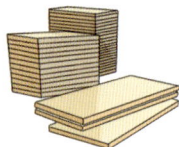
木塑

复合井盖

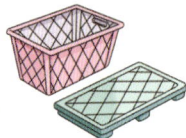
筐、托盘等

回收

分级处理

发电

对含杂率高、膜秆（秧）分离难、利用价值低的废旧地膜，鼓励纳入城镇生活垃圾处理体系，统一归集，进行集中填埋、焚烧等无害化处理。

农业面源污染综合治理典型模式

南方平原水网区生态多塘调控模式

南方平原水网区降雨较多，农业面源污染风险高。利用废弃池塘建造浅滩、沟壑等多样性塘底结构，种植适宜作物，布设生态廊道，可实现农田排水、水产养殖尾水等的拦截过滤和逐级净化。

南方山地丘陵区坡地多级阻控治理模式

南方山地丘陵区地势高低起伏，地表径流量大且流速较快，易发生水土流失。实行等高梯田种植，每隔几级梯田布设径流导排沟渠，形成坡面汇水排到沉砂池，可实现颗粒物拦截，减少水土流失。将汇水引至低洼处池塘消纳净化，净化后的水可作为灌溉水循环利用。

> 坡面径流汇集到我这里集中净化。

坡地径流汇水

沟渠与径流导排单元

> 梯田间为什么有那么多条沟渠？

> 这是导排沟，在降雨时对山上径流进行导排和拦截蓄集，可降低地表径流流速，减少氮、磷等养分流失。

西北地区种养结合生态循环模式

　　西北地区养殖业发达，养殖饲料需求量多，粪污处置压力大，可推广种养结合模式。农作物秸秆可作为牲畜的饲料，畜禽粪便可发酵产沼气，用于发电、做饭，沼渣、沼液可作为有机肥还田利用，秸秆粉碎后还田也可作为肥料，实现资源循环利用，降低畜禽粪污污染的同时减少化肥施用。

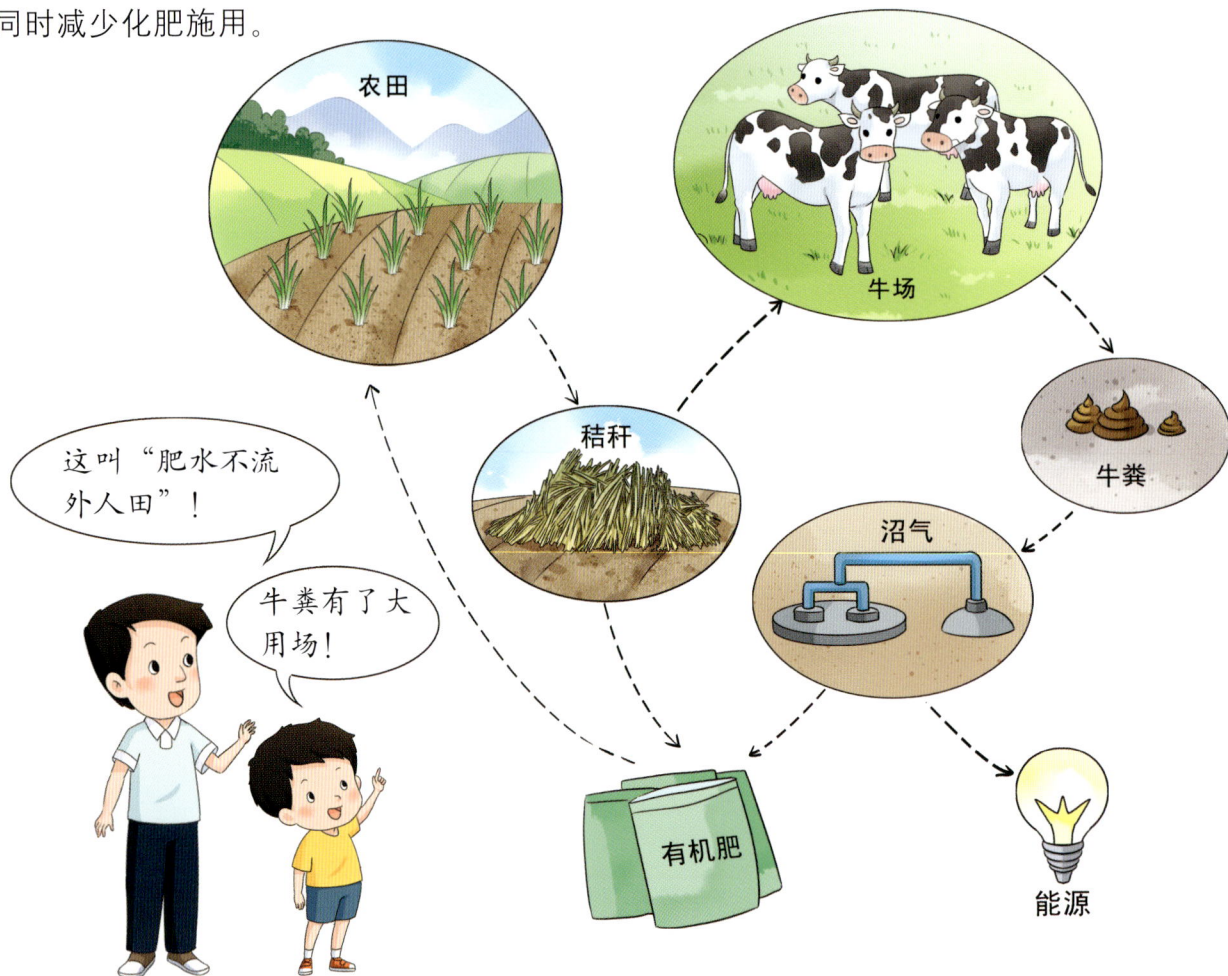

农田

牛场

秸秆

牛粪

沼气

有机肥

能源

这叫"肥水不流外人田"！

牛粪有了大用场！

农业面源污染防治有何举措

健全法制体系

《中华人民共和国水污染防治法》《中华人民共和国土壤污染防治法》等明确规定要合理控制化肥、农药、农膜使用总量;《中华人民共和国乡村振兴促进法》规定各级人民政府要采取措施加强农业面源污染防治。

　　《农用薄膜管理办法》规定地方各级人民政府对本行政区域农用薄膜污染防治负责，各有关部门按照分工做好农用薄膜生产、销售、使用、回收、再利用等环节的指导与监督管理工作。

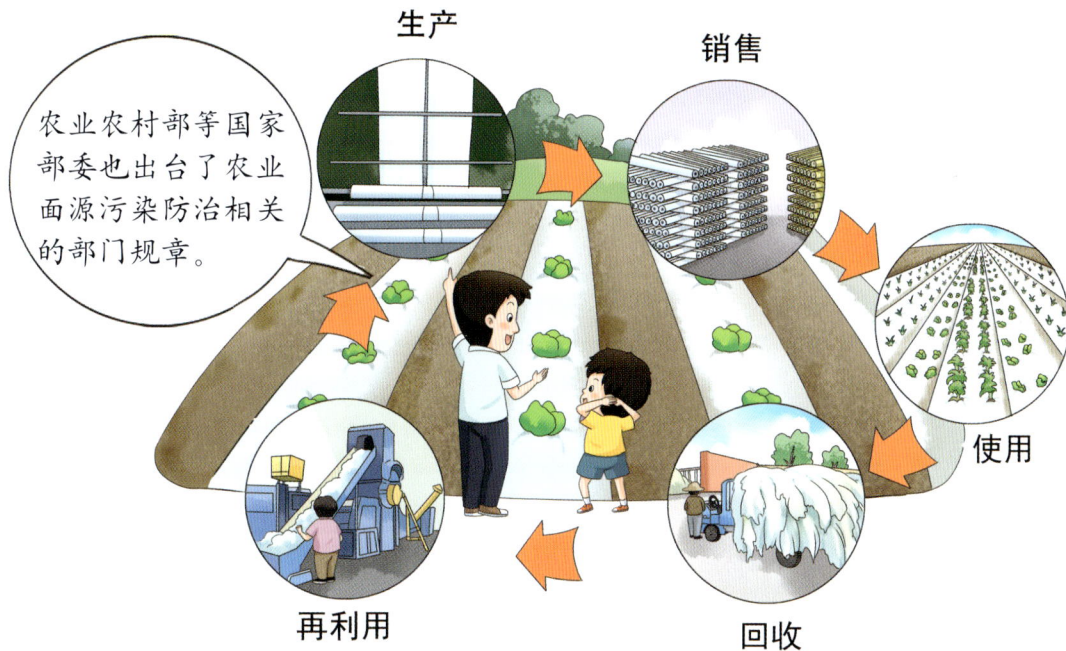

　　《农药管理条例》要求推广生物防治、物理防治、先进施药器械等，减少农药使用量。

强化政策保障

　　2015 年，农业部印发《关于打好农业面源污染防治攻坚战的实施意见》，提出"一控两减三基本"的工作目标和重点任务。2021 年，农业农村部、国家发展改革委印发了《"十四五"重点流域农业面源污染综合治理建设规划》，2023 年，农业农村部制定了《国家农业绿色发展先行区整建制全要素全链条推进农业面源污染综合防治实施方案》，一系列文件的出台为农业面源污染防治提供了指导和遵循。

一控两减三基本

秸秆基本资源化利用

控制农业用水总量

化肥减施

农膜基本资源化利用

畜禽粪便基本资源化利用

农药减施

　　实施畜禽粪污资源化利用行动、果菜茶有机肥替代化肥行动、东北地区秸秆处理行动、农膜回收行动等重大行动，加强农业突出环境问题治理，推进农业绿色发展。

果菜茶有机肥替代化肥行动

畜禽粪污资源化利用行动

东北地区秸秆处理行动

废旧农膜归集仓库

农膜回收行动

在长江经济带、黄河流域实施农业面源污染综合治理项目，聚焦重点区域和关键环节，明确治理工作总体思路，提出主要任务和重点工程，到2025年，建成一批重点流域农业面源污染综合治理项目县，以点带面提升治理水平。

推进化肥农药减量增效、秸秆综合利用和地膜科学使用回收

推进水产养殖尾水治理

推进畜禽粪污资源化利用

中央投资

加强科技支撑

　　组建农业废弃物循环利用等科技创新联盟，深化产学研合作。制定修订系列农业面源污染防治技术规范，推进防治工作的标准化和规范化。开展科技攻关，研发一批农业面源污染防治技术与产品。遴选推广一批农业面源污染防治关键技术与典型模式，强化示范带动。

组建科技创新联盟

开展科技攻关

推广典型技术模式

制定技术规范与行业标准

在全国构建农业生态环境监测"一张网"，开展长期例行监测。

农田氮磷流失监测

农田地膜残留监测

暑期社会实践活动分享会

农业面源污染防治事关大家的米袋子、菜篮子，我们要从自身做起，以实际行动带动身边人共同践行保护生态、爱护环境的绿色生态文明理念，携手共创"人人参与，人人受益"的良好局面。

推进农业绿色发展　保障粮食安全

　　农业面源污染防治是加强农业生态环境保护、推进农业绿色发展的重要内容，是全面推进乡村生态振兴的内在要求，事关农业农村生态环境质量、人民群众切身利益和经济社会发展大局，必须保持战略定力，以钉钉子精神推进农业面源污染防治。

吃的好，环境好，我们感觉更幸福了！

加强农业面源污染防治，解决好突出环境问题，可以为老百姓提供更多优质生态产品，保障粮食安全、促进农民增收。

通过此次暑期实践，我认识到了开展农业面源污染防治对保护绿水青山的重要意义！

丰